AF525025

DELIUS KLASING

FÜR ALLE
KLEINEN
UND AUCH
GROSSEN
SPIELKINDER

CHRISTIAN BLANCK

DELIUS KLASING VERLAG

VorWorT

PLAYMOBIL in meiner Kindheit: Das ist in erster Linie eine ziemlich große gelbe Kiste. In ihr ist alles drin, was meine Schwestern und ich so an Playmo besitzen, von der Goldmünze des Piratenschatzes bis zum gelben Kranwagen. Spielen besteht dann darin, dass die Kiste möglichst großflächig ausgeschüttet wird und wir nach attraktiven Figuren und Sachen kramen. Es wird gehandelt, gefeilscht, getauscht, es wird vor allem leidenschaftlich aufgebaut. Ein Reiterhof, ein Zirkus, eine Burg – die wir allesamt nicht von PLAYMOBIL haben. Was kein Problem, sondern eine Gelegenheit ist, denn jetzt kommt Kreativität ins Spiel, es wird zweckentfremdet, was das Zeug hält. Manche Objekte sind ja auch rätselhaft, zum Beispiel dieser kegelförmige Feuerlöscher oder der graue Bootshaken – unsere Fantasie lässt sich nicht lang bitten, sie zur Weinflasche und zum Wurfspeer umzuwidmen. Crossover beim Weltenbauen.

Als Erwachsener habe ich viele Jahre am Theater gearbeitet, wo auch viel gespielt wird; oft mit großem Ernst und nicht so viel Spaß. Wenn es aber gut ist, hat Theater immer das Anarchische und Grenzüberschreitende von kindlichem Spiel. So ist auch mein YouTube-Kanal SOMMERS WELTLITERATUR TO GO entstanden, in dem ich seit 2015 echte Hochkultur mit eigentlich völlig unpassendem Kinderspielzeug verplaymobilisiere.

Und was soll ich sagen: Dadurch, dass Gott bei mir wie eine bunte Hippiebraut aussieht und Hamlet ein bisschen an einen Geheimagenten erinnert, werden diese Klassiker, auf die viele junge Menschen erstmal mit einer Kontaktallergie reagieren, plötzlich viel lebendiger. Am meisten freue ich mich, wenn Lehrkräfte, Schüler*innen oder Studierende selbst anfangen, kreative kleine Geschichtenvideos zu drehen. Denn wenn du selbst mit einer Geschichte spielst, setzt du dich sehr persönlich und gründlich mit ihr auseinander. Ich jedenfalls habe, seit ich den Kanal betreibe, wesentlich mehr gelesen und gelernt als in meinem Studium.

Ich werde manchmal gefragt, warum ich PLAYMOBIL und nicht irgendein anderes Spielzeug für meine Videos benutze. Die wichtigste Antwort: Eine klassischer Klicky ist einfach, nicht zu realistisch oder lebensecht. Das heißt, die Figur lässt viel Raum für Fantasie. Und obwohl wir natürlich das Bedürfnis haben, bei neuen Figuren immer noch raffinierter und detaillierter zu werden – am Ende ist es superwichtig, dass beim Spielen genug Raum für die Einbildungskraft bleibt, sonst sind wir nur noch Konsumenten.

Christian Blanck feiert in diesem Buch all die Dinge, die ich in diesem kleinen Text nebeneinandergestellt habe: Das wild-kreative Entdecken und Kombinieren, die schöpferische Kraft des Unpassenden, den Freiraum der Fantasie. Ich feiere ihn dafür.

Michael Sommer

youtube.com/@SommersWeltliteraturToGo

INHALT

SIMPLY PLAY

Kinder spielen einfach drauflos. Ich glaube, das ist der entscheidende Unterschied zwischen Kindern und uns Erwachsenen. Natürlich denken sich Kinder auch etwas dabei, aber eben anders. Sie suchen nicht zuerst einen Sinn, sondern starten einfach, lassen sich treiben. Das ist großartig!

In „Play“ geht es mir nicht um Vollständigkeit oder Richtigkeit oder Genauigkeit. „Play“ soll zeigen, wie simpel das Spielen sein kann und sein sollte. Und das können Kinder einfach viel besser als Erwachsene.

Ein selbst erlebtes Beispiel: Ich erinnere mich noch genau an die PLAYMOBIL Ritterburg, die meine Kinder zu Weihnachten geschenkt bekommen haben. Die Augen haben gestrahlt, endlich war die Ritterburg da und natürlich musste sie gleich aufgebaut werden. Also packten wir den riesigen Karton noch vor dem Weihnachtsessen aus, die vielen Einzelteile ließen erahnen, dass der Zusammenbau nicht in einer halben Stunde erledigt sein würde. Zu dritt begannen wir den Aufbau, nach nicht einmal 10 Minuten verabschiedete sich Sohn 1, um mit anderen Geschenken zu spielen. Nach einer halben Stunde verschwand Sohn 2. Insgesamt zweieinhalb Stunden habe ich schließlich unterm Baum gehockt, zwei Krämpfe und Rückenschmerzen inklusive. Dafür war die PLAYMOBIL Ritterburg perfekt aufgebaut, genau wie in der Anleitung vorgegeben.

Drei Tage später hatte die Ritterburg ihren festen Platz im Wohnzimmer neben dem Baum gefunden. Aber auch drei weitere PLAYMOBIL-Kisten aus dem Kinderzimmer. Feuerwehr, THW, Polizei und viele andere waren gekommen, um die neue Burg zu besichtigen. Der Piratenchef hatte den Thron übernommen, die Ritterfiguren wurden von den Figuren in Uniform verdrängt. Die Mauer musste geöffnet werden, damit auch das große Feuerwehrauto mit Blaulicht in die Burg fahren kann. Es sah ziemlich chaotisch aus, aber man spürte doch deutlich: Es wurde gespielt, es wurde gemixt. Die perfekt aufgebaute Ritterburg existierte nicht mehr, und man fragte sich als Vater kurz, wieso man am Weihnachtsabend über zwei Stunden schwitzt und auf den Knien rutscht, um ein perfektes Bauwerk zu erschaffen.

Genau das ist der springende Punkt. Ich glaube, dass dieser erste Schritt zum Perfektionismus wichtig ist. Aber er ist einfach nur ein Schritt – und Startschuss für das kreative Spiel. Mit PLAYMOBIL soll gespielt werden, es soll nicht als Denkmal und Anschauungsobjekt im Zimmer stehen. Es gibt auch keine Tabus. Kinder spielen so, wie es ihnen in den Sinn kommt. Ich finde das toll und genau das ist der Grund, weshalb auf den Seiten in „Play“ einfach nur gespielt wird. Da sind die beiden DJs aus Gallien, die halb Hollywood zur Party eingeladen haben. Oder Herr Luther, der von Montag bis Sonntag einfach gern Skateboard fährt. Ein berühmter rothaariger deutscher Tennisspieler aus Deutschland übernimmt kurz die Fackel der Freiheitsstatue, damit sie nach Jahren endlich kurz auf die Toilette darf. Die Ritterburg hat nicht einfach nur einen anderen Aufbau bekommen, auch die Sprayer freuen sich jetzt über die hohen Wände.

Und so erlebe ich dieses tolle Spielzeug. Immer und immer wieder. Fünf Jahrzehnte miteinander zu mischen und dabei eigene Geschichten zu finden, das ist für mich der große Spaß dieser Seiten. Einfach Spielen. Das ist meine Erinnerung an PLAYMOBIL und das hat mich auch jetzt wieder zum Spielen gebracht. Play. Oder wie aus PLAYMOBIL-Figuren echte Kinderzimmerhelden werden.

www.instagram.com/kinderzimmerhelden

PLAY
ICONICS

Ikone aus dem 74er Hochbauset

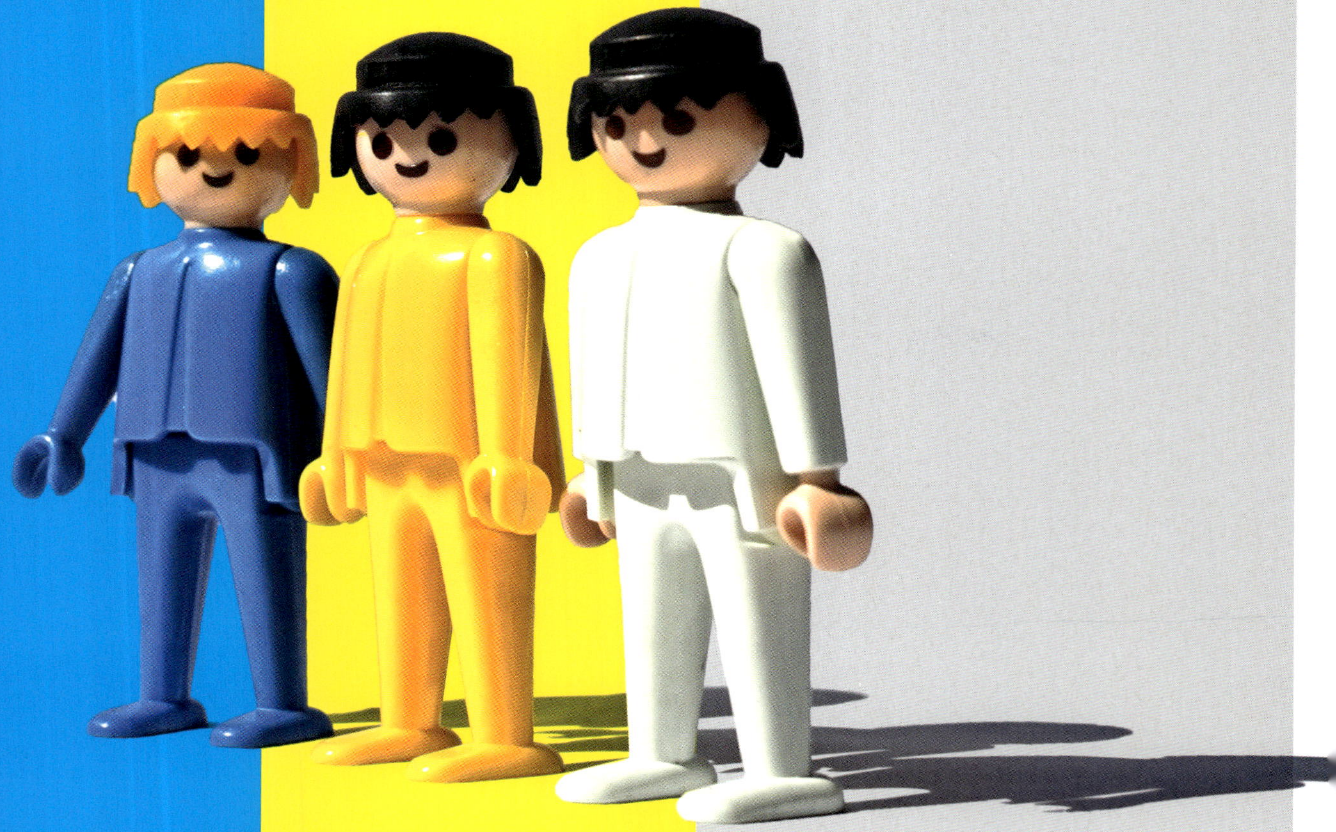

Die drei vom 74er Bau

DIE MISCHUNG MACHT'S

Die erste Mörtelmaschine. Bis 1976 wurde nur mit der Hand im Matsch gespielt.

ORIGINAL IN 7 SCHRITTEN

Die freiwillige Feuerwehr von 1976: Man braucht nur 7 Teile für einen Helden.

FLOHMARKT HELDEN

70er-Jahre Zubehör am Bau. Feierabendbrause inklusive!

PLAYMOBIL Color aus den Siebzigern

FEUERWEHR

Tatütata: PLAYMOBIL Feuerwehrmann von 1976

FEUER WASSER

Startschuss 1974: eine der ersten PLAYMOBIL-Figuren überhaupt!

KÖNIGLICH

Heute eine Königin ... von 1976 ...

AMÜSIERT

Der Hofnarr von 1979 war ein echter Scherzkeks ...

WILD WILD WEST

1975 noch in der Ausbildung, 20 Jahre später ein General. Die US-Kavallerie und der Cowboy-Chef!

ICON

Reise-Pkw von 1977, damals schon tiefer und schnell!

SCHWEDISCHER MÖBELVERKÄUFER?

Reisender aus den 70er-Jahren. Er reist heute noch immer!

Fashion Victim: Schönling von 2015 aus dem PLAYMOBIL Collectors Club!

Figuren erster Generation von 1974

MOFASZINIEREND

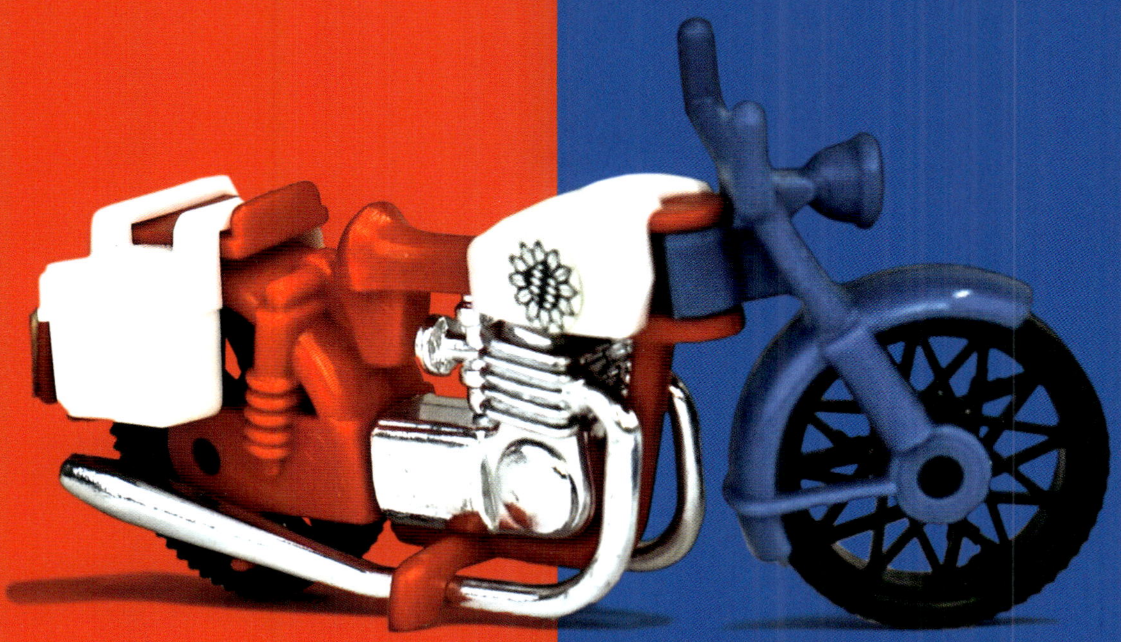

Durch Kinder gebautes bayerisches Motorrad von 1975

WITZFIGUREN

Musik-Clowns von 1980

WIR SIND DIE DREI VON DER NOTAUFNAHME ...

Sanitäter Superset von 1976

AUF SAND GEBAUT

Als Kind wollte ich immer in der Baubranche arbeiten: mit meinem Fuhrpark große Baustellen aufbauen, tiefe Löcher buddeln, Bagger fahren, große Straßen bauen und vor allem walzen. Ein Traumjob.

Ich kann auch behaupten, schon sehr früh in die praktische Ausbildung gegangen zu sein. Wahrscheinlich war ich fünf oder sechs Jahre alt. Meine Eltern hatten ihr Haus in einem der damals typischen Neubaugebiete gebaut, wo quasi an jeder Ecke kleine Einfamilienhäuser entstanden.

Die Grundstücke waren seinerzeit noch bis zu 1.000 Quadratmeter groß, heute undenkbar. Heutzutage packt ein Bauinvestor auf so ein Grundstück zwei Häuser mit Eigentumswohnungen und riesiger Tiefgarage. Glücklicherweise war das in den 80er-Jahren anders. Ich erinnere mich heute noch sehr gut an diesen einen Tag. Unser Haus war schon länger fertig, aber rund um das Haus war viel Platz. Zum Kicken. Zum Radfahren. Zum Parken. Eine Garage war direkt rechts neben dem Haus geplant, entstand aber erst Jahre später. Währenddessen stand das Auto meiner Eltern immer vorn auf der Einfahrt, mit Blick in den großen Garten. Meine erste kleine Sandkiste war auch schon zu Beginn dabei, aber mit dem Alter und wachsenden Anforderungen wuchs auch der Wunsch nach einer größeren, wenn nicht sogar sehr großen Sandkiste.

Heute weiß ich nicht mehr genau, wie sehr ich meinen Vater damit in den Ohren lag, aber eines Tages erhörte er mich scheinbar und fing an, hinten links auf dem Rasen ein riesiges Loch auszuheben. Es hätte auch ein

Bauarbeiterlegenden von 1974:
Die Bauarbeiterbrause gehörte zu jedem Feierabend dazu!

Pool werden können, so fühlte sich das an. Er schaufelte einen ganzen Tag lang – knietief und legte schöne Platten drum herum. Dann hörte er auf und es passierte erst einmal gar nichts mehr. Ich wunderte mich schon ein wenig, was sollte ich denn mit einem Loch? Trotzdem spielte ich auch in der dunklen Erde, aber in meiner Erinnerung fehlte da ein ganz entscheidender Bestandteil: der schöne gelbe Baustellensand …

Dann erfuhr ich, dass ich noch ein paar Tage Geduld haben musste. Peter, der beste Freund meines Papas, würde sich darum kümmern. Er arbeitete bei der Post und hatte viele Baustellen in den Neubaugebieten. Er wollte uns einen Bagger mit einer Schaufel voll Sand vorbeischicken. Wie cool war das denn? Ein echter Bagger nur für meine Sandkiste! Also wartete ich ab sofort jeden Nachmittag vorn an der Straße und hoffte darauf, einen Bagger um die Kurve fahren zu sehen.

Und Peter hat Wort gehalten. Ich weiß nicht mehr genau wann, aber eines Nachmittags hörte ich dieses besondere Geräusch, das weder Traktor noch Lkw sein konnte. Und tatsächlich, es war ein großer Bagger mit einer Schaufel voll gelbem Baustellensand. Unglaublich. Alles für meine Sandkiste! Der Fahrer stieg aus dem Bagger aus und fragte mich, ob ich der Junge sei, der neuen Sand für seine Sandkiste bekäme. Ich bejahte freudig und er fragte mich, wo der Sand denn hinkommen würde. Da hatte ich die Idee!

Wenn er den Sand direkt auf die Einfahrt kippte, könnte ich den Sand mit meinem Traktor mit Anhänger selbst zur Sandkiste fahren. Also sagte ich dem Mann, er solle den Sand direkt hier auf der Einfahrt abladen. Glücklicherweise war meine Mutter nicht draußen, mein Vater noch im Büro und der Baggerfahrer überlegte auch nicht lang, ob das eine gute Idee wäre. Ich glaube, er musste auch schnell zurück zur Baustelle. Also fuhr er einige wenige Meter auf unsere Einfahrt, die Schaufel ganz oben, da er sonst nicht durchgekommen wäre, und lud den Sand dann vorsichtig ab. Ich bedankte mich brav und war im Glück. Schnell zum Traktor und los. Es musste gearbeitet werden. Die ersten drei Fahrten fühlten sich super an – die Sandkiste war gute 30 Meter entfernt. Dann aber merkte ich, dass das Schaufeln und Treten ganz schön anstrengend war. Irgendwann machte das gar keinen Spaß mehr, sodass ich nach der 12. oder 14. Runde entschied, dass es jetzt genug wäre. Den Rest könnte später Papa machen. Etwas Sand war ja auch schon in der Grube, aber es war doch noch viel zu tun …

Gegen Abend kam mein Vater aus dem Büro. Er trat durch die Tür und rief mich gleich zu sich. Er fragte, wieso der Sand nicht wie besprochen direkt in der Sandkiste abgeladen worden war, sondern vorn auf der Einfahrt. Ganz offen und ehrlich gab ich zu, dass ich es dem Bauarbeiter so gesagt hatte: „Das war so, Papa. Er hat mich gefragt und ich dachte, ich kann dann alles mit meinem Traktor rüberfahren. Das hat am Anfang auch gut geklappt, aber dann wurde das Fahren immer schwerer. Ich glaube, mein Traktor muss in die Werkstatt."

Mein Vater verzog keine Miene. So richtig sauer konnte er ja auch nicht auf mich sein. Eher hatte ich den Eindruck, er sah sich vor dem inneren Auge einen ganzen Nachmittag lang mit einer Schubkarre hin- und herfahren, um die Sandkiste zu füllen. „Das glaub' ich jetzt nicht!", hörte ich nur noch, als er Richtung Wohnzimmer ging. Es gab ein Gespräch zwischen ihm und meiner Mutter und dann war erst einmal Ruhe.

Meine Mutter sagte mir abends am Bett noch, ich hätte ihr schon Bescheid geben sollen, als der Bagger kam. Aber ich beruhigte sie und sagte, das sei doch nicht schlimm, ich könne ja auch da vorn auf der Einfahrt im Sandberg spielen. Und da kam mir die nächste Idee.

Ich wollte doch immer Straßen bauen – jetzt war es endlich so weit. Morgen würde ich die tollsten Trassen durch den Berg graben. Ganz früh am nächsten Tag packte ich meine gesamten PLAYMOBIL Baustellenfahrzeuge zusammen (und das waren einige), dazu den Traktor vom Bauernhof und meine Safari Jeeps, und startete mein großes Projekt. Ich baute eine megacoole Straße durch den Sandberg. Das war so großartig, dass ich meine Eltern am Ende bekniete, den Sandberg noch länger liegen zu lassen. Jeden Tag fuhr ich mit meinen Baustellenfahrzeugen vor, arbeitete an Auffahrten, an einem Tunnel, walzte und baggerte. Mein PLAYMOBIL Fuhrpark war jetzt Teil einer Großbaustelle, meiner Großbaustelle. Und ich war der verantwortliche Baumeister. Drei Wochen später musste ich schließlich meine Zelte abbrechen. Zusammen mit Peter karrte mein Vater in zwei, drei Stunden den ganzen Sand rüber in den Garten. Das war schon in Ordnung, denn jetzt hatte ich ja meine poolgroße Sandkiste. Der Wunsch, Baumeister zu werden, war danach größer denn je!

Christian Blanck,
damals 8 Jahre alt

PLAY A LITTLE

GEILE KARRE

KEEP ON
ROLLIN

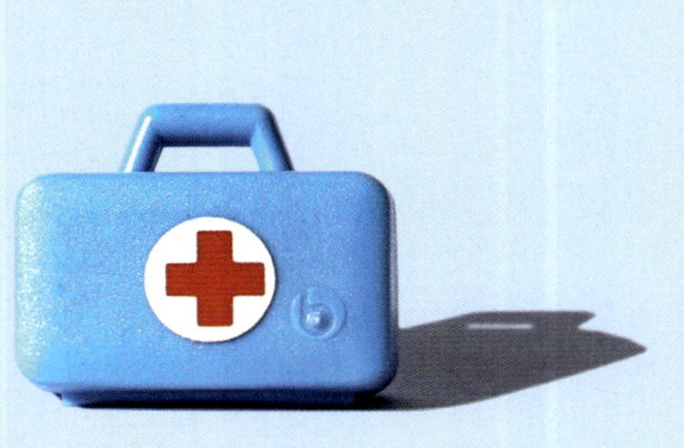

KLEINE
HILFE

KLEINES
POSTING

FLASCHEN
FUN

BESONDERES
KALIBER

DER BALL IST ECKIG …

DIE „GRÖSSTE“
NEBENSACHE
DER WELT

KLEINER SHOUT-OUT
AN ALLE PLAYMOBIL-FANS

LEITER
GEIL

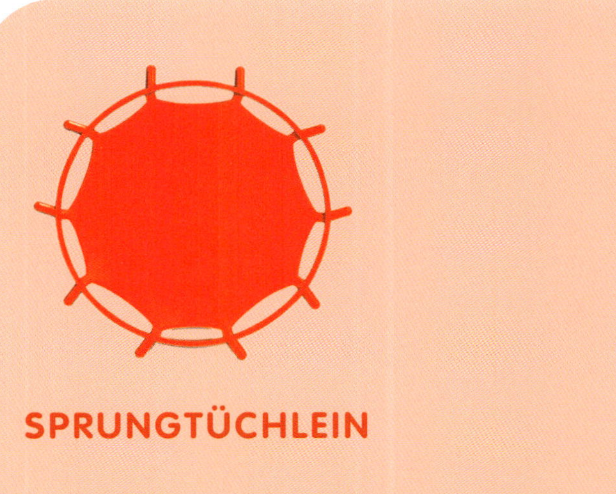

SPRUNGTÜCHLEIN

ROT GRÜN FLÄCHE

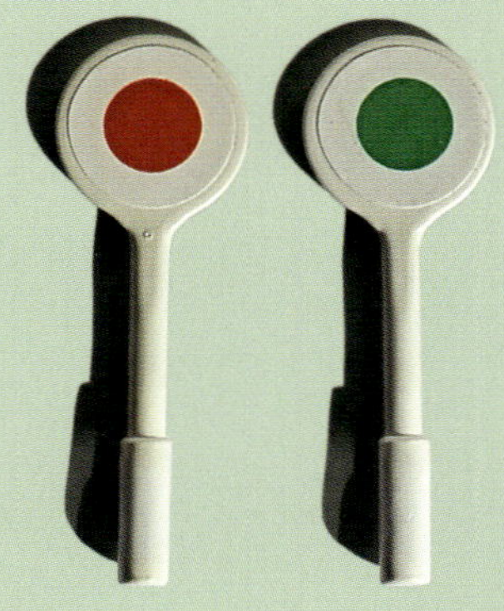

PULT KULT

DER KLEINE NOTFALL

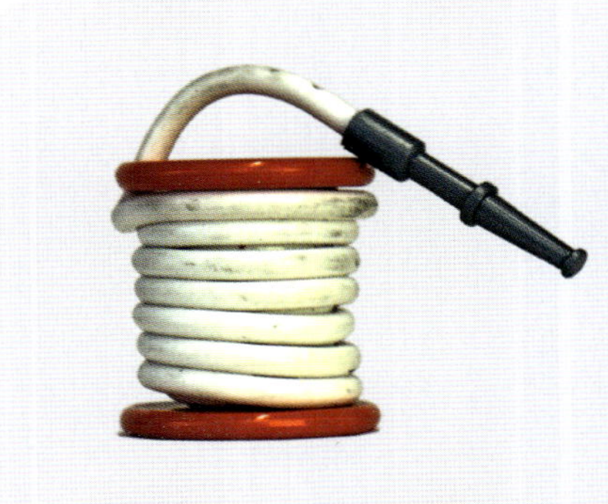

SCHLAUCH-END

BOOT
GEDRUNGEN

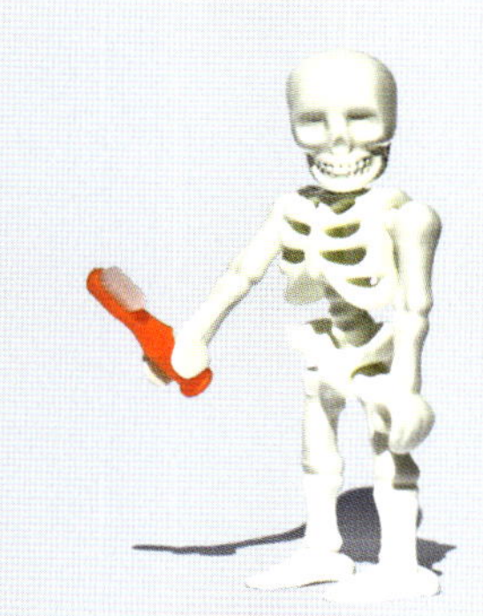

ZÄHNE SIND
TIPP TOPP GESUND.

KANU NANA

PLAY ANIMALS

GEMEIN

GEFÄHRLICH

PINK

OINK

PM
PANAMA

ICH BIN DER KÖNIG
DER WEEELT!

PFERTIG

PLAY
LOVE

CSD
FIRST GENERATION

BEUTESCHEMA:

ROTE MÜTZEN

DIE BRAUT, DIE SICH ZU VIEL TRAUT

DER 2. SCHÖNSTE TAG MEINES LEBENS

Es war ein sonniger Nachmittag, als mich mein damaliger Freund Max zu einem Spaziergang durch den Park überredete. Verliebt spazierten wir Hand in Hand durch die Natur.

Als wir bei der Parkbank auf der kleinen Anhöhe ankamen, setzten wir uns. Max wirkte etwas kribbelig, worauf ich ihn fragte, was los sei. Er zögerte, steckte seine Hand in die Tasche und holte eine Box hervor, die ich öffnen sollte. In der Box präsentierte sich – ein PLAYMOBIL Brautpaar.

Als ich die beiden süßen Figuren sah, war ich hoch erfreut, denn ich ahnte, was kommen würde, und lächelte erwartungsvoll. Er kniete vor mir nieder, hielt die offene Box fest und fragte: „Möchtest du mein Mann werden und den Rest unseres Lebens gemeinsam mit mir verbringen?“ Seine Augen funkelten voller Hoffnung und Liebe.

Ich war überwältigt vor Glück. Freudentränen stiegen in meine Augen, als ich die Worte hörte, auf die ich, zugegeben, auch schon gewartet hatte. Mit sanfter Stimme antwortete ich: „Ja! Ich möchte dein Mann werden und für immer mit dir zusammen sein.“ Wir umarmten und küssten uns und fingen an, die Hochzeit zu planen und von der gemeinsamen Zukunft zu träumen.

Die kleinen PLAYMOBIL Brautpaar-Figuren sind bis heute unser Andenken an den zweitschönsten Tag in unserem Leben. Nur der Tag der Hochzeit ist im Ranking noch davor.
Ein bisschen kitschig, zugegeben, aber so war das.

Leon, 32 Jahre

UNARTIG

ARTIG

HOCHZEITSLIMOUSINENMOT

ORHAUBENSCHMUCKBLUMEN

PLAY
TOGETHER

JUGEND FORSCH

EIN CHEF VERSCHWINDET

Es war in meiner Grundschulzeit: Jeden Nachmittag besuchte mich mein Freund Peter. Wir trafen uns bei mir, da Peter sich ein Zimmer mit seinem großen Bruder teilen musste.

Dieser konzentrierte sich immer nur darauf, uns zu ärgern, weshalb es unmöglich war, dort gemeinsam zu spielen. Ich bin von einem Geschwisterchen verschont geblieben – so empfand ich es zumindest damals – und hatte ein schönes, großes, eigenes Zimmer. Dieses nutzten wir, um in unsere ganz eigene PLAYMOBIL-Bauarbeiterwelt einzutauchen. Neue Straßenzüge mussten gebaut werden, Umleitungen wurden geplant. Staus entstanden und der Rettungshubschrauber kam zum Einsatz. Und während wir den von meiner Mutter gebrachten Obstteller mit Apfelstücken vernaschten, verbrachten die Bauarbeiter ihre Pause im Bauwagen.

Eines Abends war Peter nach Hause gegangen, denn er musste immer pünktlich um 18 Uhr zum Abendbrot zurück sein. Da bemerkte ich, dass mein Chef-Bauarbeiter mit dem glänzendem Helm, einer Ritterausrüstung entliehen, nicht mehr da war. Da Peter diese Figur auch sehr mochte und auch immer gern der Chef sein wollte, vermutete ich, dass er meine Figur heimlich mitgenommen hatte. Am nächsten Morgen konfrontierte ich ihn mit der Anschuldigung des Diebstahls, die er aber entschieden von sich wies. Das machte mich noch wütender und ich nannte ihn nicht nur einen Dieb, sondern auch einen Lügner.

Schweigen. Über Wochen – vielleicht waren es auch nur Tage – sprachen wir kein Wort miteinander. Das nachmittägliche Spielen allein in meinem Zimmer war nicht dasselbe. Ohne Peter machte es einfach viel weniger Spaß. Dann entdeckte ich beim Aufräumen ganz hinten unter der Kommode meinen Chef-Bauarbeiter mit dem glänzenden Helm. Oh, ich Idiot! Wie hatte ich Peter nur beschuldigen können, den „Chef" geklaut zu haben? Ich schämte mich.

Am nächsten Tag, in der großen Pause, nahm ich meinen ganzen Mut zusammen, ging zu Peter und entschuldigte mich bei ihm. Als Beweis dafür, dass es mir ernst war, schenkte ich ihm die geliebte Figur. Er nahm die Entschuldigung und die Figur an, und wir verbrachten von da an wieder zahlreiche Nachmittage in meinem Zimmer. Peter brachte den „Chef" immer mit, und ich war froh, dass wir wieder zusammen spielten.

Michael, 52 Jahre

MIA SAN
WIESN

SAFETY FIRST

EINE SEEFAHRT, DIE IST LUSTIG

Es gibt immer wieder Erlebnisse aus dem Kinderzimmer, die wirken, als wären sie erst gestern geschehen. Sie haben sich so eingebrannt, dass man alles um sich herum erkennt, sich in diesem Raum bewegen kann, sogar Details wahrnimmt. Und doch kann es sein, dass diese Geschichten 25 Jahre oder länger zurückliegen.

Eine solche Geschichte kann ich erzählen. Mein Bruder Sven und ich müssen zwischen sieben und neun Jahre alt gewesen sein. Wir verbrachten wirklich viel Zeit miteinander, da unsere Eltern im eigenen Betrieb sehr eingespannt waren. Rückblickend waren wir richtige Lausbuben: Kaum hatten wir zu Hause ein paar Momente Zeit zum Nachdenken, stellten wir gleich wieder etwas an. Unsere Mutter hat vielleicht auch irgendwann resigniert. Sie konnte uns ja nicht die ganze Zeit minutiös beaufsichtigen und solange wir uns nicht an die Gurgel gingen, was natürlich auch regelmäßig vorkam, würde es schon nicht so schlimm sein.

Wir teilten uns ein Kinderzimmer, das voll mit Spielzeug war. Autos, He-Man-Figuren, Lego, der Kinder-Tischkicker. Und natürlich unsere Massen an PLAYMOBIL. Da kam es vor, dass von unserem blauen Teppich abends nichts mehr zu sehen war. Ganz hinten links stand außerdem noch der Tisch mit dem riesigen Stall für mein Meerschweinchen Fridolin. Eigentlich hatte ich einen Hund gewollt, aber meine Eltern waren strikt dagegen, weil sie wussten, dann würden sie sich um das Tier kümmern müssen. Nach vielen Verhandlungen war der braun-weiße Fridolin also die Kompromisslösung – und natürlich trotzdem heiß geliebt. Im Nachhinein glaube ich, es hat ganz schön gestunken bei uns im Zimmer, aber das hat uns damals nicht gestört.

An diesen einen Tag erinnere ich mich ganz genau. Dienstags kam ich immer am späten Nachmittag vom Fußballtraining nach Hause. An diesem Tag war ich total verdreckt, es hatte draußen geregnet. Schon mehrfach zuvor hatte unsere Mutter mich in vergleichbarer Situation direkt in die Wanne gesteckt, um mich aufzuwärmen und den Dreck abzuwaschen.

An diesem Tag musste sie noch einmal schnell ins Büro, aber der Betrieb meiner Eltern befand sich zum Glück nur zwei Stockwerke unter unserer Wohnung. Sie hatte mich oben empfangen, das Wasser lief schon, der Schaum baute sich auf. Das fand ich immer besonders toll. Sie sagte mir, sie müsse noch einmal ganz kurz nach unten und wäre in einer halben Stunde wieder da. Ich solle schon mal in die Wanne gehen.

Mein Bruder quengelte, er wolle auch mit in die Wanne. Im Herausgehen hörten wir nur: „Dann gehe doch mit deinem Bruder, die Wanne ist groß genug." Oh ja, zu zweit in die Wanne, das war immer am besten. Danach musste man sich zwar immer Sorgen machen, dass es bei den Nachbarn unten regnen könnte, aber das war uns egal. Beim Einstieg hatten wir immer das halbe Zimmer dabei. Spielzeug, Wasserpistolen und natürlich durfte das Piratenschiff von PLAYMOBIL nicht fehlen. Damals war es noch recht neu und es war unser großer Schatz. Jeden Tag spielten wir damit. Die Piraten greifen die Ritter an und so weiter. Aber an diesem Tag war es anders.

Mein Bruder meinte, ob wir nicht auch mal Fridolin mit auf hohe See nehmen sollten. Fridolin kannte das Schiff schon ziemlich gut. Als Schiffsmeerschweinchen hat er immer viel Platz eingenommen und war deshalb manchmal auch nur das Monster aus dem Meer. Das alles hatte bislang aber nur auf dem Trockenen, also auf unserem Teppich stattgefunden. Die Wanne wäre eine echte Premiere. „Was für eine super Idee", sagte ich. „Das hat Fridolin noch nie gemacht. Hoffentlich wird er nicht seekrank und muss sich übergeben."

Sven sauste ins Kinderzimmer, öffnete den Stall und kam postwendend mit Fridolin zurück. Wir stiegen in die Wanne und versuchten, ihn auf das Deck vom Schiff zu setzen, aber so richtig begeistert war das Meerschweinchen von dieser Idee nicht. Sven ließ sich davon nicht abbringen und versuchte es immer wieder. „Och männo, Fridolin, jetzt spiel doch mit!", höre ich ihn noch sagen. „Dann bist du eben jetzt unser Gefangener und kommst in den Schiffskerker." Wir setzen das Schiff kurz nach draußen, öffneten den Rumpf und setzen Fridolin rein. Dann vorsichtig wieder zu Wasser gelassen, die Luke auf. Perfekt! Fridolin schaute mit seiner Schnauze zu uns hoch.

Zurück in der Wanne begann die Seefahrt. Es zog ein Sturm auf, die Wellen wurden größer, schlugen über das Deck. Auch Fridolin wurde nass! Dabei sangen wir „Eine Seefahrt, die ist lustig!" Es wurde immer lauter, wir spielten uns komplett in unsere Geschichte rein: Die Piraten mit ihren Gefangenen auf großer Fahrt. Aber es war eng, zu eng, und mein Bruder und ich kamen uns ständig in die Quere, was einfach nur nervte. Aus dem Spiel wurde wie so oft ein Streit und endete mit einer Rangelei unter Brüdern. Der Haken daran: Wir waren immer noch in einer Wanne und hatten immer noch ein Piratenschiff mit einem echten Gefangenen dabei. Schließlich musste es passieren. Das Schiff kenterte, das Wasser lief über das Deck direkt in den Rumpf. In diesem Moment öffnete sich die Tür und meiner Mutter, die gerade zurückgekommen war, entfuhr ein entsetztes: „Was ist denn hier schon wieder los?“

Wir schauten sie an und meinten, wir wollten nur Piraten auf hoher See spielen und Fridolin wäre unser Gefangener. Diesen Blick meiner Mutter sehe ich noch heute. „Kann man euch denn keinen einzigen Moment allein lassen?“ Blitzschnell griff sie mit ihrem Arm an uns vorbei und holte das halb gekenterte Schiff aus dem Wasser, um es schnell zu öffnen. Zum Vorschein kam ein pudelnasses Meerschweinchen, das quiekte und einfach nur schnell an Land wollte. Welchen Ärger wir danach hatten, möchte niemand wissen …

Fridolin wurde zum Glück gerettet und erholte sich von seinem Trauma, während mein Bruder und ich ins Straflager mussten: Hausarbeit, Hinterhof fegen, Stall reinigen, zusätzliche Schulaufgaben. Wir mussten wirklich einiges machen. Aber das hat etwas bewirkt: Von da an musste Fridolin nie wieder zur See fahren und hatten noch ein tolles Leben bei uns zu Hause. Wir behandelten ihn wie einen König und die Badewannenstunden fanden ab sofort wieder unter Aufsicht statt. Schiff Ahoi!

Philipp, damals 9 Jahre alt

PIRATEN WUCHT

Erstes PLAYMOBIL-Schiff von 1978 – die aktuelle Crew stammt aus fünf Jahrzehnten!

WACHSENDE
BEGEISTERUNG

WINTER KOLLEKTION '83

VILLA KUNTERBUNT GEMISCHT

Ausgebucht. Die PLAYMOBIL-Wohngemeinschaft

SPIEGELBILDER DER GESELLSCHAFT

KONTAKT AUS EINER ANDEREN WELT

Party des Jahres mit den besten DJs!

MITTEL ALTE BANAUSEN

Psst! No pictures, please!

nice
try!

UN
ENT
SCHLOSS
EN

Nicht nur für Prinzessinnen!

SELFIE, SELFIE AUS DER HAND,
WER IST DIE SCHÖNSTE IM GANZEN LAND?

MIAMI SPICE

PLAY JOBS

SANDY UND HARRY

Wohnort: Dubai

Merkmale: digitale Popstars

Traumjob: Sandy und Harry sind schon jetzt ein legendäres Influencerpaar. Harry wechselt beinahe täglich seine Pferdestärken, Sandy liebt es, im Gym eine gute Figur zu machen. Aber es gibt einen großen Traum, den die beiden haben … Einmal durch Dubais Straßen fliegen. Mit ihren beiden neuen Familienmitgliedern Pink und Mint ist das jetzt möglich … Ach wie schön ist eine Kirmes und die dazugehörigen Karussellgeschichten …

MARTIN LUTHER & DER KING OF ROCK 'N' ROLL

Wohnort: über den Wolken

Merkmale: beide waren Popstars ihrer Zeit

Traumjob: Kameramann und TV-Moderator

Über Martin und den King: Martin Luther wollte schon immer über Menschen und die Welt berichten. Er wäre am liebsten beim Fernsehen gelandet, hätte es das in seiner Zeit schon gegeben. Der King ist durch und durch Entertainer. Er liebt Dominosteine und wäre der perfekte Moderator für den Domino-Day gewesen.

FRED FISH

Wohnort: Loch Ness

Merkmale: Best Buddy von Nessi

Traumjob: Manager von Nessi

Über Fred: Fred liebt das Angeln und verbringt seine Freizeit am liebsten am Loch Ness. Mit Nessi abhängen, eine gute Zeit haben und sich jeden Tag gemeinsam für die Touristen in Pose werfen – das wäre was. Leider ist Nessi extrem schüchtern und kommt viel zu selten an die Wasseroberfläche. Fred nutzt seine Zeit daher als Umweltschützer und angelt weggeworfene Gegenstände aus dem See. Die Tipps, wo er am besten seine Angel auswerfen soll, bekommt er aus erster Hand, nun ja, Flosse …

BOBBY BOB

Wohnort: 76 Downing Street, London

Merkmale: Punkrocker im Auftrag des Königs

Traumjob: Punkrocker

über Bobby: Tagsüber arbeitet Bobby bei der Polizei. Er liebt seinen Job. Aber wenn er dann Feierabend hat, kennt er nur eins: Punkrock. Er wäre gerne ein echter Punkrocker. Seine Haare sind Programm. Er liebt Green Day und die Ramones. Vor dem Spiegel probt Bobby zu Hause die Songs der Sex Pistols. Nur gut, dass sein berühmtester Mitbewohner in der Downing Street auf der anderen Seite der Straße wohnt ...

GIRA DELLI

Wohnort: auf der Buckelpiste

Merkmale: Wer bremst verliert! Immer die 1 sein!

Traumjob: Wenn Gira Gas gibt, dann gibt es kein Halten mehr … Es gibt keine Skiathletin, die schneller die Buckelpiste runterkommt. Gira sucht keinen Traumjob mehr, sie hat ihn bereits gefunden.

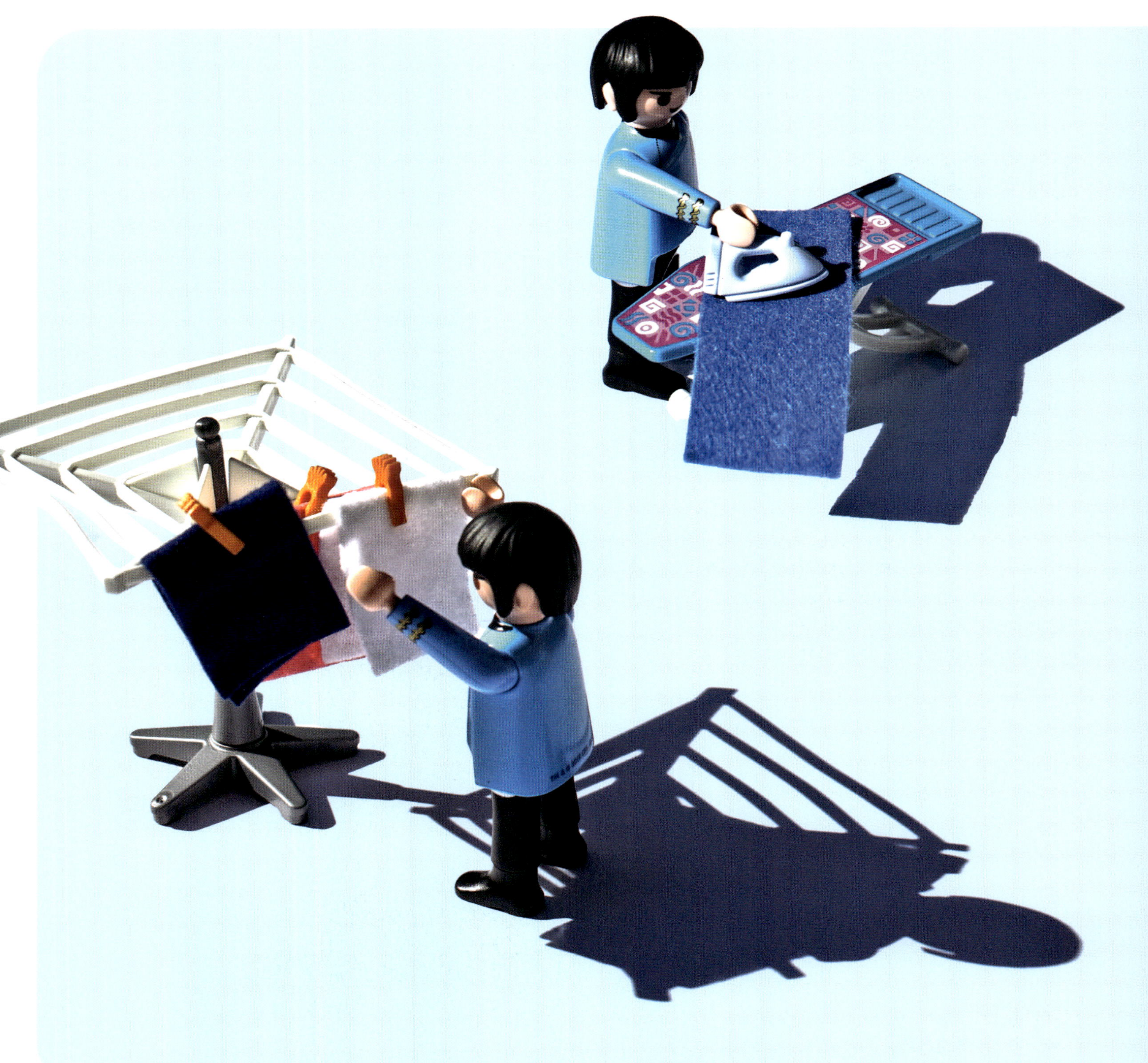

SPOCK

Wohnort: Vulkan, aber in allen Galaxien zu Hause

Merkmale: offen für Neues, auch nach über 50 Jahren

Traumjob: Fotograf

Über Spock: Es gibt so viele unglaubliche Bilder von der Enterprise und den unendlichen Weiten. Und raten Sie mal, wer dafür verantwortlich war.
Genau: Spock! Der Wissenschaftsoffizier, später Erster Offizier und dann sogar noch Kommandant ist ein Fotografentalent. Er sagt selbst: „Ohne Kreativität gibt es keine Entwicklung.
Wenn ich heute noch einmal beginnen würde, ich glaube, ich würde Fotograf werden!“

MOIN!
ABER GENUG GESABBELT.

MOIN!
JO. TSCHÜSS.

LUIGI PERFETTO

Wohnort: Palermo

Merkmale: saugt schneller als sein Schatten

Traumjob: Hausmann

Über Luigi: Am liebsten wäre Luigi Hausmann geworden. Folgendes Geheimnis kann gelüftet werden: Er liebt es zu saugen und Spuren zu beseitigen. Seine sizilianische Großfamilie gibt ihm auch viele Möglichkeiten, das einzige Familienmitglied mit weißer Weste zu sein.
Er träumt von einem Saugroboter mit vielen weiteren Features.
Er mag es schrill und bunt!
So schön wie Italien halt ist!

DR. DR. JENNY BRINKMANN

Wohnort: St. Pauli, Hamburg

Merkmale: echte Kiezpiratin

Traumjob: medizinischer Betreuung des FC St. Pauli

Über Jenny: Wenn Jenny den Raum betritt, wird es schnell mal still. Die Aufmerksamkeit ist ihr sicher: Pilotenbrille, Tattoos, bauchfrei. Und die überzeugte Anhängerin des FC St. Pauli gibt direkt den Ton an. Ihr Motto: „Trust me, I'm only the doctor!" Aus ihrem Telefon tönt „Hells Bells", wenn es klingelt. Und dann muss es oft schnell gehen. Die überzeugte Doppel-Dr.-Medizinerin hilft den Menschen im Kiez. Jenny gehört zur Straße, die Straße gehört ihr! Und doch hat sie einen beruflichen Traum: einmal medizinische Betreuung am Spieltag im Millerntor-Stadion.

GEORGE GUARD

Wohnort: Buckingham Palace

Merkmale: ebenfalls im Auftrag des Königs

Traumjob: International Guard

Über George: George hat schon alle Nationen der Welt gesehen und doch noch nie seinen Platz verlassen. Er hat daher einen Traum: Vielleicht genehmigt der König endlich seinen Antrag auf Versetzung. Aber bitte nicht zum St. James Palace – der Marschbefehl darf schon für das gesamte Commonwealth gelten. Die Inselkette Tuvalu wäre doch was …

TROUBADIX

Wohnort: Gallien, Bretagne

Merkmale: Idealist

Traumjob: Gärtner

Über Troubadix: Seit bald 60 Jahren steht Troubadix auf den internationalen Bühnen. Er ist Musiker durch und durch. Und auch wenn nicht alle seine Musik mögen, lässt er sich nicht davon abbringen. Bis vor Kurzem. Seine neueste Liebe: das Gärtnern. Er streunert durch die Wälder und Wiesen der Bretagne. Römer sind auch nicht mehr da, dafür aber ein kleines Gefährt, mit dem er über die Wiesen cruist und ganze Kunstwerke in den Rasen schneidert. Troubadix ist eben ein echter Künstler.

playmobil® Fun Facts

2019 nahm der italienische ESA-Astronaut Luca Parmitano einen PLAYMOBIL-Kollegen mit auf einen Rundflug um die Erde. Es war **die erste Playmobilfigur überhaupt im Weltall.**

In den ersten Jahren hatten **alle PLAYMOBIL-Figuren die gleiche bekannte Zackenfrisur.**

Heute gibt es verschiedenste Frisuren.

Erst seit 1982 sind Hände hautfarben und lassen sich drehen.

Unverändert seit den Anfangsjahren ist nicht nur das PLAYMOBIL-Lächeln, sondern auch die Anzahl der Einzelteile, aus denen eine Figur besteht: **genau 7.**

In den Anfangsjahren wurde PLAYMOBIL auch **als Klicky bezeichnet.**

Inzwischen bevölkern **mehr als 3,8 Milliarden PLAYMOBIL-Figuren** Kinderzimmer auf der ganzen Welt.

Der „kleine Martin Luther" wurde weltweit schon **über eine Millionen Mal verkauft** (meistverkaufte Figur).

Die Freiheitsstatue in New York ist **614-mal größer** als die PLAYMOBIL-Version.

Rund 9.300 Variationen an Figuren und über 20.000 Variationen an Tieren sind seit 1974 entstanden.

Tomaten und Pferdeäpfel haben die gleiche Grundform. **Nur die Farbe ist anders.**

2018 brachten zwei schottische Kinder ein PLAYMOBIL-**Spielzeugschiff auf eine Reise von 4.500 Kilometern.** Unter anderem von Dänemark in die Karibik.

Zum 40-jährigen Jubiläum 2014 schickten Fans die Figur Backpacker „Tim the Traveller" von Ort zu Ort. **47 Länder besuchte er,** darunter so exotische Orte wie Bhutan und Vanuatu.

PLAY
MUSIC

GOD SAVE THE
QUEEN

EINE KLEINE NACHTMUSIK

I'VE BEEN LOOKING FOR
FREEEEEEEEDOM

EVERYBOOOODY
YEAAAHHH

WE FOUND LOVE

DIE ERFOLGREICHSTEN LIEBESLIEDER
VERDAMMT ICH LIEB DICH
MATTHIAS PLAYMO

FIGHT FOR YOUR RIGHT (TO PARTY)

WANNABE BE
OUR LOVER?

IIIIII'M
STILL STANDING …

D

FOLLOW ME

YOU ARE
ALWAYS
ON MY
MIND

YOU ARE THE
DANCING QUEEN

PLAY
SUMMER

ZELTEN SCHÖN

HEISS

HEISSER

SOMMER

ZIEHT SICH

BAY-MOBIL

SCHOOL GANG

9 07:43

SCHOOL GANG

5 YEARS LATER

PLAY
STARS

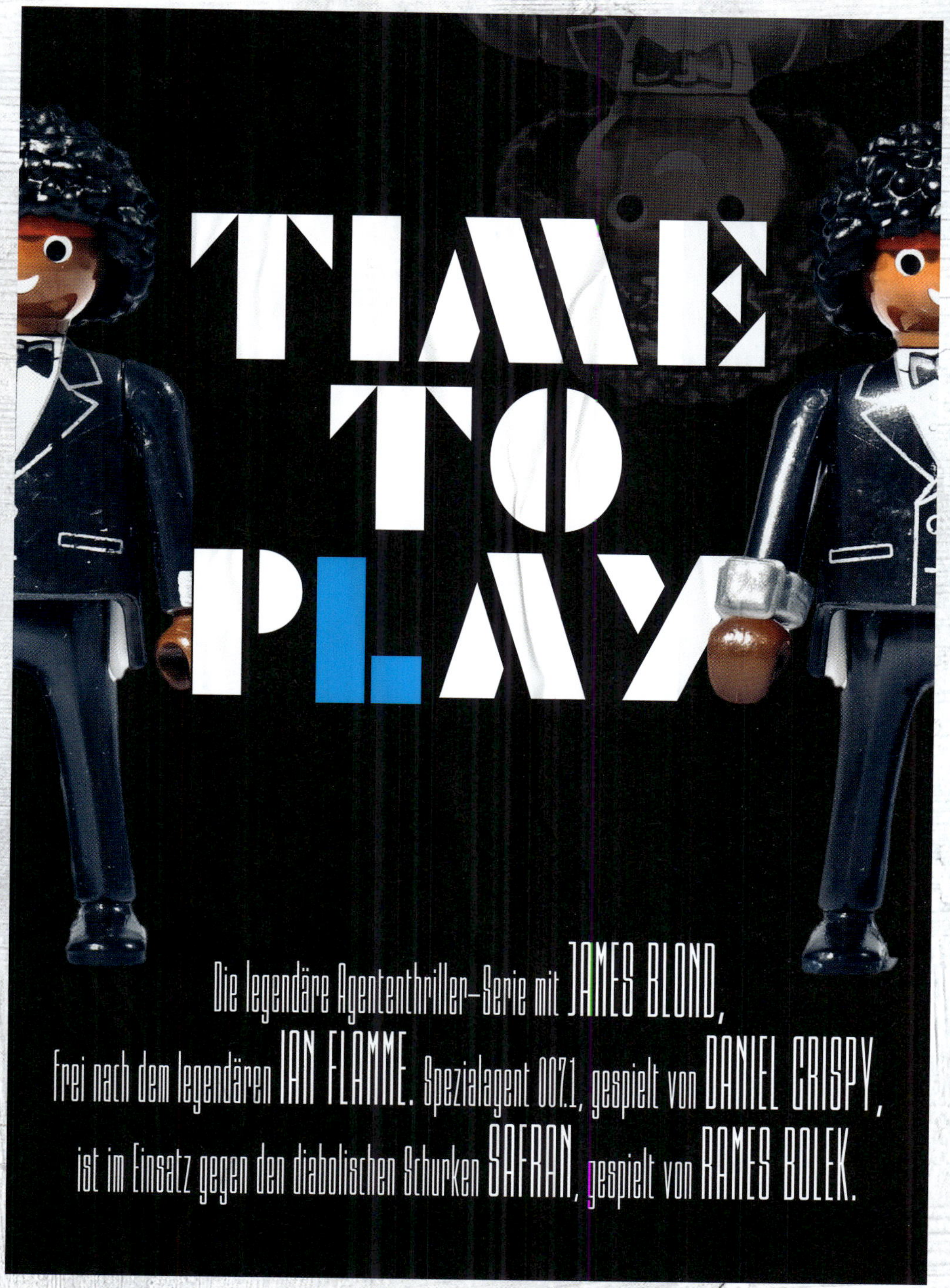

TIME TO PLAY

Die legendäre Agententhriller-Serie mit JAMES BLOND,
frei nach dem legendären IAN FLAMME. Spezialagent 007.1, gespielt von DANIEL CRISPY,
ist im Einsatz gegen den diabolischen Schurken SAFRAN, gespielt von RAMES BOLEK.

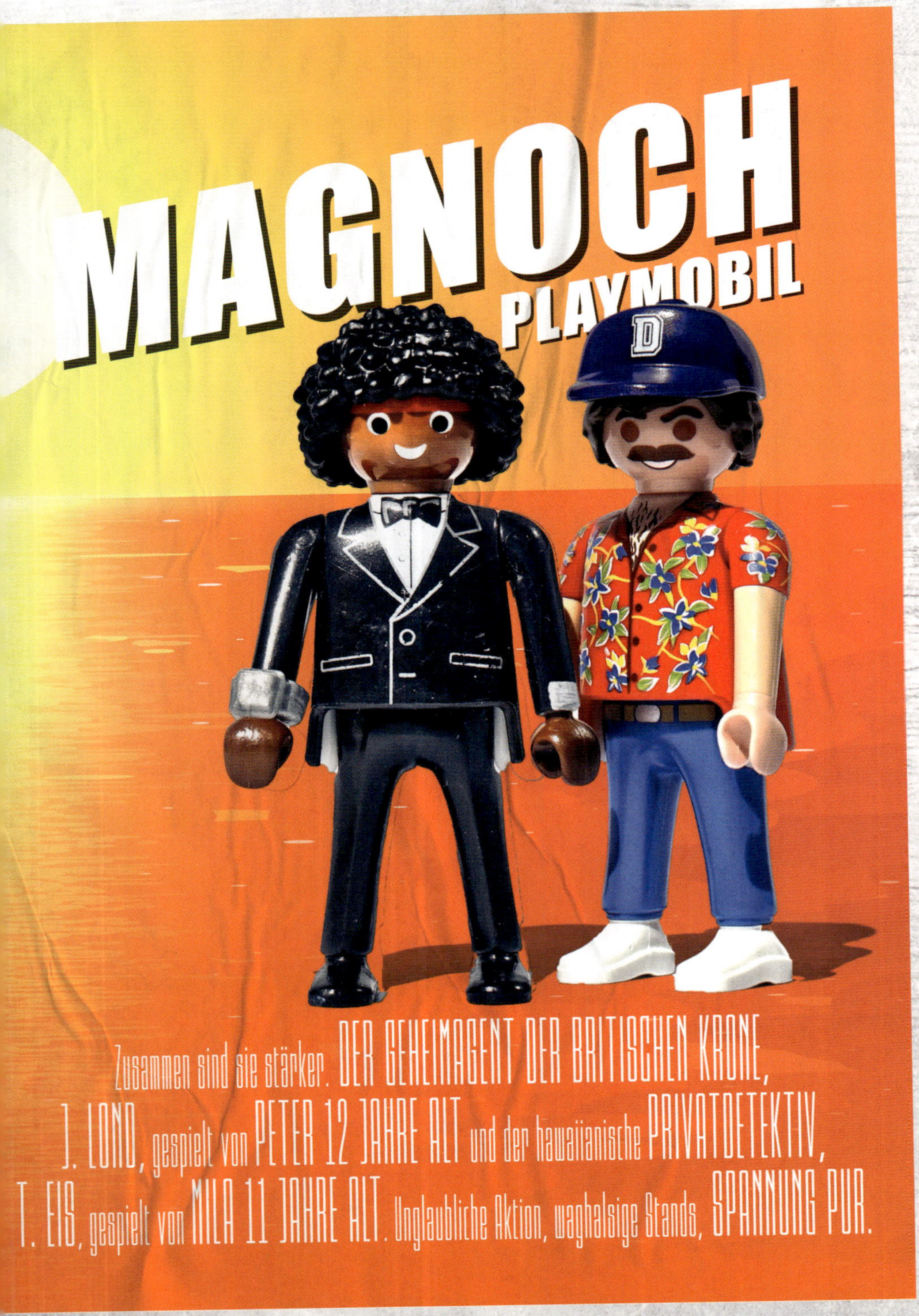

MAGNOCH
PLAYMOBIL
Zusammen sind sie stärker. DER GEHEIMAGENT DER BRITISCHEN KRONE,
J. LOND, gespielt von PETER 12 JAHRE ALT und der hawaiianische PRIVATDETEKTIV,
T. EIS, gespielt von MILA 11 JAHRE ALT. Unglaubliche Aktion, waghalsige Stands, SPANNUNG PUR.

THE
PLAYTRIX
EINE SCIENCE-FICTION-GESCHICHTE WIE AUS EINER ANDEREN WELT.
In der Hauptrolle der großartige K. RIFF, als Neon, der mit seinem Supermotorrad
ZWISCHEN DEN WELTEN umherirrt. Der Sohn des Hypnos, gespielt von L. FISCHGRÄTE,
glaubt die Offenbarung und die Rettung der Welt durch DEN AUSERWÄHLTEN.

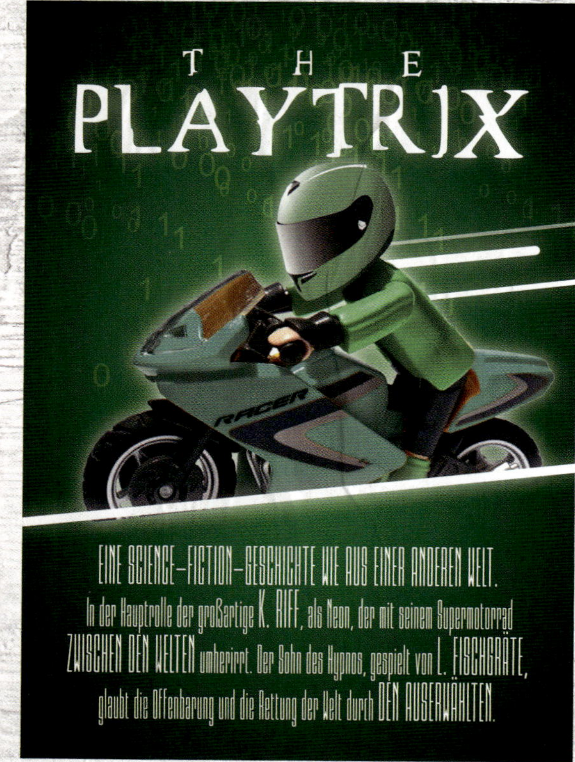

KING
EINE UNVERGESSLICHE ROMANZE über zwei Liebende, die unterschiedlicher nicht sein könnten.
Ann, gespielt von FAR AWAY, verliebt sich unsterblich in den haarigen MR. KING, gespielt von MR. KONG.
Hat diese Liebe eine Chance? TASCHENTÜCHER RAUS!

WALL OF FAME
Als JIMI IN SEATTLE zum ersten Mal DEN KING hörte, wurde seine Begeisterung für die Musik geboren.
Jahre später rief Jimi „HEY JOE", doch Elvis drehte sich nicht um.
Somit gingen sie getrennte Wege und begegneten sich erst Jahre später AN DER RUHMESWAND.
EINE UNVERGESSLICHE GESCHICHTE über zwei, die sich nicht kennenlernten.

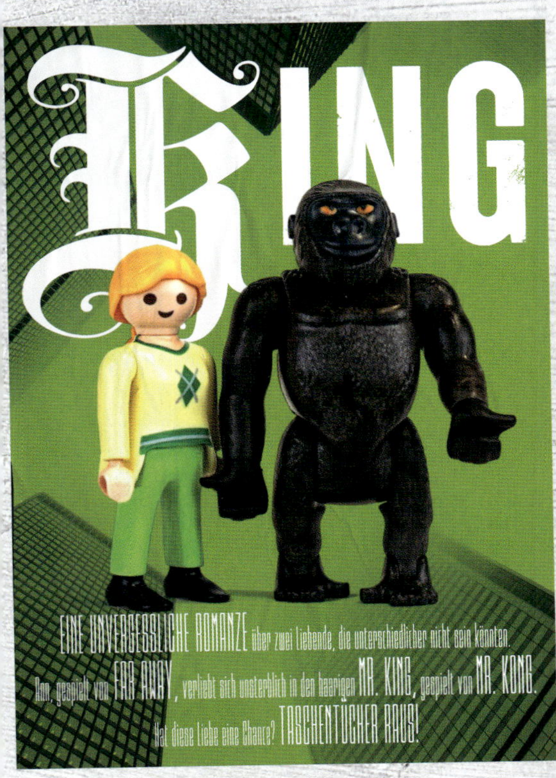

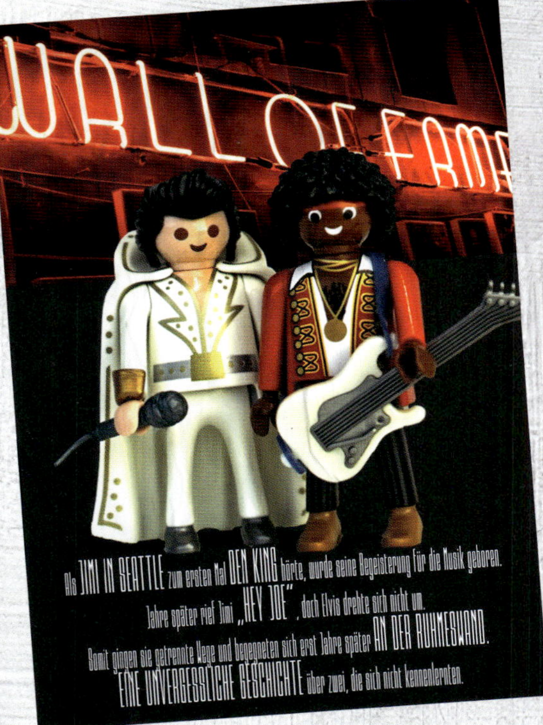

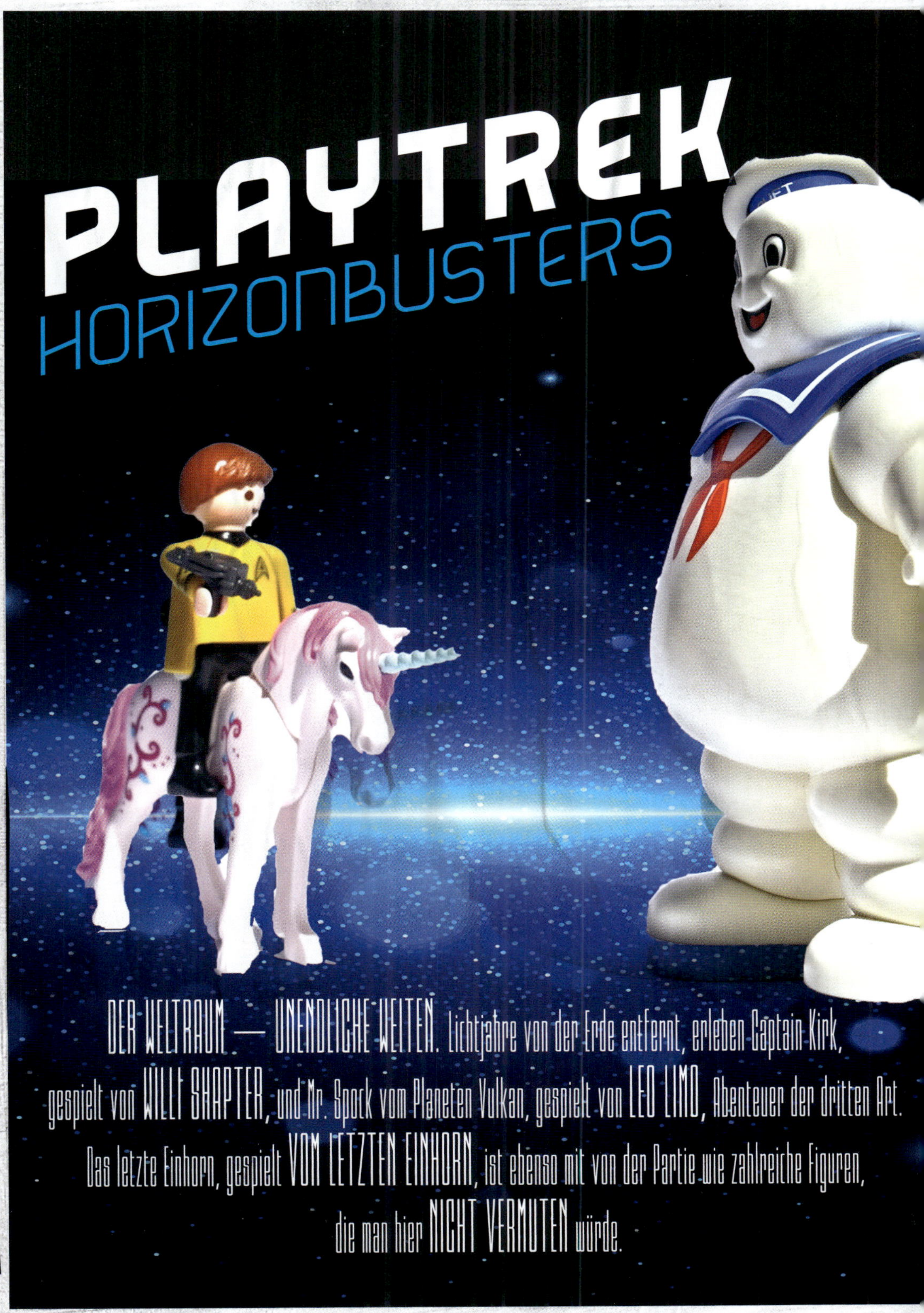
PLAYTREK
HORIZONBUSTERS
DER WELTRAUM — UNENDLICHE WEITEN. Lichtjahre von der Erde entfernt, erleben Captain Kirk,
gespielt von WILLI SHAPTER, und Mr. Spock vom Planeten Vulkan, gespielt von LEO LIMO, Abenteuer der dritten Art.
Das letzte Einhorn, gespielt VOM LETZTEN EINHORN, ist ebenso mit von der Partie wie zahlreiche Figuren,
die man hier NICHT VERMUTEN würde.

Familie

JEDER KENNT JEDEN. Ein Familientreffen der besonderen Art, produzi
CHRISTIANO BLANCO. Sein unermüdlicher Kampf, alle AUFS SOFA ZU BEK

ntreffen

nzipiert und realisiert vom fantastischen und vielfach ausgezeichneten
N, wurde mit einem Oscar in der Kategorie „STORYTELLING" BELOHNT.

PLAY 4REAL

POLIZEI
POLICE

WAVE
SURFIN

NEUE FREUNDE

Als ich noch ein kleines Mädchen war, zählte PLAYMOBIL zu meinen großen Leidenschaften. Jeden Tag nach der Schule rannte ich nach Hause, ging in mein Zimmer und tauchte in meine ganz eigene Fantasiewelt ein.

Eines Tages stellte ich mir vor, dass die PLAYMOBIL Figuren lebendig werden, sobald niemand sie beobachtet. Ich verließ also mein Zimmer, um mich direkt wieder anzuschleichen, die Tür vorsichtig und leise zu öffnen, um durch einen winzigen Spalt zu beobachten, was da vor sich ging. Tatsächlich: Die Figuren erwachten zum Leben und fingen an, miteinander zu sprechen und zu spielen!

Ich konnte mein Glück kaum fassen und beschloss, vorsichtig ins Zimmer zu treten. Zu meiner Überraschung begrüßten die Figuren mich mit offenen Armen und luden mich ein, mit ihnen zu spielen. Die Zeit verging wie im Flug, und die Figuren und ich hatten eine unglaubliche Zeit zusammen. Wir spielten Verstecken und als es langsam dunkel wurde, hörte ich die Stimme meiner Mama. Erst noch sehr leise, dann aber lauter: „Liiiiiiiiiiiiiiiisa!"

„Was macht die denn hier?", dachte ich noch und wachte auf. Sie stand vor mir und sagte: „Lisa, du musst dich fertigmachen, sonst kommst du zu spät in die Schule." Ich habe noch oft versucht meine Freunde auf diese Art und Weise wiederzutreffen, was mir aber leider nicht gelang. Trotzdem war meine PLAYMOBIL Leidenschaft ungebrochen. Heute spielen meine Kinder mit den Figuren und wer weiß, vielleicht ...

Lisa, 35 Jahre

STAR TREK VS.
UNENDLICHE
GESCHICHTE

UNENDLICHE
GESCHICHTE
WINS!

DIE BLAUE WAND

Ich erinnere mich noch, als wäre es gestern gewesen. Immer, wenn man in der Schule eine Einladungskarte zum Kindergeburtstag bekam, war klar: Es geht mit Mama zur blauen Wand.

Das war kein Malergeschäft oder ein Treffpunkt für Kindergeburtstage. Nein, die blaue Wand gab es in meinem Lieblings-Spielwarengeschäft aus Kinderzeiten. Das Haus, die Schaufenster, sogar der Geruch beim Reingehen … Es ist noch so real!

Halbjährlich hat das Geschäft den ganz dicken VEDES-Katalog verteilt. Ein absolute Highlight und wichtiges Nachschlagewerk. Meine große Schwester und ich spielten immer dasselbe Spiel: Wir blätterten ihn von Anfang bis Ende durch und setzten unsere Kreuze bei den Spielsachen, die wir nehmen würden. Heute denke ich, meine Mutter hat das als sehr guten Anhaltspunkt genutzt, um Geschenke für Geburtstage oder zu Weihnachten für uns auszuwählen. An Fehlgriffe kann ich mich nämlich nicht erinnern.

Und in genau diesem Spielwarengeschäft, es hieß übrigens „Hänsel und Gretel", ging ich immer ganz aufgeregt über die Türschwelle, um mir die blaue Wand anzuschauen. Die Aufregung war meist so groß, dass ich das Schaufenster vergaß und mir nach dem Besuch noch die Nase daran plattdrückte. Man kam rein und sah direkt die Treppe in den Keller. Zwei Kurven runter an den Spielzeugautos und Modelleisenbahnen vorbei und dann stand ich da. Unendliche Meter blauer PLAYMOBIL Packungen mit den Träumen aus Kinderzeiten.

Die Themen waren entsprechend sortiert. Wilder Westen mit der Kavallerie. Der blaue Zirkus. Die Safari-Welt mit dem großen und kleinen Jeep. Der Bauernhof. Und natürlich auch das Piratenschiff. Irgendwann ist dieses Schiff natürlich auch bei uns eingezogen, aber bis dahin war das Schiff immer das absolute Highlight. Vorsichtig zog man Verpackungen aus dem Regal, sah sich ganz genau alle Bilder auf den Kartons an und versuchte der Mutter durch den gesamten Raum zu erklären, was man alles unbedingt und am besten sofort haben musste. Der eigentliche Grund des Besuches – der Erwerb eines Geschenks für einen Kindergeburtstag – wurde zur Nebensache. Meist war sowieso schon klar, was sich die Kinder wünschten. Meine Mutter zog die entsprechende Verpackung aus dem Regal und ließ mich mit dem Satz zurück: „Ich geh' schon mal an die Kasse, kommst du dann bitte hoch?" Das war nie als Frage gemeint.

Nicht selten kam es vor, dass ich noch eine Weile brauchte, bis ich wirklich den Weg nach oben fand. Jedes Mal hatte ich das Gefühl, es gibt schon wieder so viele neue Spielsachen in der blauen Wand, da muss man sich auch ein wenig Zeit nehmen für dieses wichtige Studium. Letztendlich gab es dann doch immer einen „letzen Aufruf" von oben: „Tschüss, ich gehe jetzt!" Also ein letzter Blick Richtung Regal: „Auf Wiedersehen, blaue Wand! Hoffentlich hat bald wieder ein Freund Geburtstag ..."

Niklas Denkmann, 42 Jahre

playmobil
CITY ACTION
70569 | 4-10
19 PC
70572 | 4-10
32 PC
70782 | 5-10
30 PC
71092 | 4-10
21 PC
71090 | 4-10
20 PC
6878 | 4-10
48 PC
6873
70899 | 4-10
52 PC
70577 | 4-10
125 PC
70780 | 5-10
44 PC
playmobil 18 PC
70669 | 4-10
71375 38 pc
5-10
70575 | 4-10
124 PC
9462 181 pc
4-10
WARNING: CHOKING HAZARD
AVERTISSEMENT: RISQUE DE SUFFOCATION
POLICE
PROMO-PACK

KLAPPE FÜR DEN KINDHEITSTRAUM

Würde mich jemand fragen, welche Marken mich in meinem Leben besonders inspiriert haben oder mir besonders wichtig sind, würde ich auf jeden Fall sagen, dass PLAYMOBIL unter den ersten dreien ist. Denn PLAYMOBIL war in meiner Kindheit das Spielzeug, das mich wirklich glücklich gemacht hat. Ich weiß heute noch, wie ich es zum ersten Mal gesehen habe.

Ich bin in Österreich aufgewachsen, und als wir nach Deutschland kamen, war ich sechs Jahre alt. Die typischen Nachkriegshäuser hatten riesige Hinterhöfe, in denen sich die Kinder zum Spielen trafen. Eines Nachmittags in den frühen 80ern hatte ein Mädchen im Sandkasten diesen PLAYMOBIL Bauwagen mit passender Zugmaschine.

Ich war hin und weg. Das war das erste Spielzeug, bei dem wirklich alles zusammenpasste, wo man die Figuren ins Auto setzen konnte. Sogar ein Kasten mit Limo war dabei. Ich war begeistert, das weiß ich noch ganz genau.

An diesem Nachmittag konnte ich kaum davon lassen, aber ich bin dann auch noch Fahrrad gefahren und habe mir dabei das Knie so aufgeschlagen, dass es richtig geblutet hat. Meine Mama meinte, dass wir das mit Alkohol oder Jod verarzten müssten. Ich wusste, das würde höllisch brennen, weil ich als Kind viel draußen gespielt habe und öfters Blessuren hatte. Da habe ich eine Riesenszene gemacht und es wohl irgendwie geschafft, dass ich mir ein Spielzeug aussuchen durfte, wenn ich beim Behandeln der Wunde stillhalten würde. Sofort war klar, dass ich diesen PLAYMOBIL Bauwagen haben musste. Meine Mutter wusste zu dem Zeitpunkt noch gar nicht, was sie da versprochen hatte, aber es sollte so sein.

Und dann sind wir ins Kaufhaus marschiert und haben nach PLAYMOBIL gesucht. Und dann stand ich vor diesem Regal und konnte es kaum fassen. Dass es da eine ganze Welt gibt, die irgendwie zusammenpasst, lauter Figuren mit verschiedenem Zubehör.

Dieses System hat mich unglaublich fasziniert, sodass ich mir von da an bei jeder Gelegenheit PLAYMOBIL wünschte. Gefühlt hatte ich aus allen Themenwelten etwas – ein paar Piraten, ein bisschen PLAYMOBIL Space, einige Ritter und natürlich auch Zirkus. Die Ritter mussten dann auch zu Piraten werden und die Piraten mussten im Zirkus auftreten und auf dem Bauernhof helfen. Ich habe damit alles gespielt und für mich war es als Kind unglaublich wichtig, das Erlebte irgendwie zu verarbeiten. Als Kind dachte ich auch, ich hätte unglaublich viel PLAYMOBIL. Heute passt das PLAYMOBIL aus meiner Kindheit in eineinhalb Umzugskartons. Aber ich war so glücklich damit.

Ganz losgelassen hat es mich nie. Und als meine Kinder gefragt haben, was ich beruflich mache, habe ich ihnen das natürlich mit PLAYMOBIL erklärt. Wir haben kleine Filmchen mit Stop-Motion-Technik gedreht, kleine Geschichten mit PLAYMOBIL Figuren als Darstellern. Dabei hatte ich wahnsinnig viel Spaß, denn ich mache ja eigentlich Autowerbung. Und dann gab es von PLAYMOBIL einen kleinen Porsche. Da habe ich mir gedacht, man könnte damit doch eigentlich auch einen Spot drehen wie für einen großen. Ich habe eine Rennstrecke gebaut und irgendwann war dann unsere Doppelgarage, die als Studio herhalten sollte, fast zu klein. Ich musste ausweichen und habe etwas angemietet, damit ich die Strecke komplett aufbauen kann. Den Film könnte man heute besser machen, aber für meinen ersten Stop-Motion-Film war das ganz okay. Diesen Film habe ich dann einfach zum Spaß bei YouTube eingestellt, was auch PLAYMOBIL mitbekommen hat. Und so

bin ich dann schließlich mit der Firma in Kontakt gekommen. Das war einerseits lustig, für mich aber gleichzeitig auch ein Traum, zur Firmenzentrale nach Zirndorf zu fahren. Dort habe ich den Mitarbeiter getroffen, der maßgeblich für die PLAYMOBIL Animationsfilme verantwortlich war, die ich natürlich alle kannte und mit meinen Kindern geschaut hatte. Das war ein großartiges Erlebnis.

Und danach kam von PLAYMOBIL tatsächlich eine Anfrage: „Sag mal, wir haben für Weihnachten die und die Produkte, kannst du dir da nicht einen kleinen Stop-Motion-Film einfallen lassen?" Und das habe ich dann gemacht. Zuerst waren das Spaßprojekte, aber irgendwann wurde daraus richtige Arbeit. Also nicht nur Autowerbung, sondern auch PLAYMOBIL TV-Werbung. Für mich schließt sich damit ein Kreis, denn wenn ich früher an Spielwarenladen vorbeikam, habe ich als Kind immer nach PLAYMOBIL geschaut und natürlich auch nach den Katalogen.

Die habe ich geliebt! Damals wurden die Inhalte ja noch nicht mit Photoshop produziert, sondern das waren richtige Fotos, von Profis dekoriert mit Steinen und mit einem Meer aus Folie. Das waren richtig coole Bilder.

Damals, als Siebenjähriger, habe ich auch den ersten TV-Spot mit Piraten gesehen. Da fuhr das Piratenschiff, das ich mir immer sehr gewünscht habe, in einem riesigen Becken. Und ich dachte: „Wie cool ist das denn?" Welche Erwachsenen geben sich so viel Mühe und basteln ein richtiges Meer? Die lassen es nicht in der Badewanne schwimmen, die lassen es auch nicht einem Brunnen im Park schwimmen. Nein, die haben extra eine Insel gebaut und da lassen sie jetzt das Piratenschiff schwimmen. Genau das will ich später machen, wenn ich groß bin.

Inzwischen habe ich einige TV-Spots für PLAYMOBIL machen dürfen und da war bislang alles Mögliche dabei, aber leider noch nie ein Spot mit Piraten. Doch jetzt, ziemlich genau 40 Jahre später, habe ich meinen ersten Piraten-TV-Spot für PLAYMOBIL gedreht. Wir haben im Studio ein Riesenbecken aufgebaut, es waren Kinder da, die das Schiff anstupsen durften. Das war für mich ein ganz spezieller Moment, weil ich seit der Kindheit im Kopf habe, dass ich das gerne machen möchte, und jetzt ist es genau so gekommen. Obwohl ich mittlerweile natürlich viele Filme gemacht habe, bin ich ziemlich stolz, wenn dieser Spot jetzt im Fernsehen läuft, weil sich für mich damit ein Kindheitstraum erfüllt. Und weil ich der Marke, die mich fasziniert, seit ich sechs Jahre alt bin, jetzt etwas zurückgeben kann.

Berti Kropac, 47 Jahre

www.instagram.com/allaboutplaymobil

Regisseur und Kameramann Berti Kropac erfüllt sich seinen Kindheitstraum!

PORSCHE Taycan
PLAYMOBIL POWER! von 2021

PLAY CARS

LEGENDE

NEID RIDER

LONDON
PARIS
PM · 22 70921

SUMMERTIME

9 07:43

UPGESPACED
6196
MISSION
GEO
T9
ST7X805

LECKER ROT-WEISS

SUPER SLOW FOOD

VERY FAST FOOD

START IT UP

DA RAST SAFARI

2 PS

21 PS

SAFAHRI

SCHÖNER

HÜBSCHER

WIR SORGEN FÜR ORDNUNG!

8 DEIN FREUNDCHEN

HELFERLEIN

PLAY SPORTS

SPIELEND LEICHT

GAME. SET. MATCH.

HEBEFIGUR

ANGEKNOCKT

VERWARNUNG:
GEFÄHRLICHES SPIEL

FRANCE 98

I'M A BOXSTAR

I'M A ROCKSTAR

SONGCONTEST

LOVECONTEST

DIEGOLEO

HAND GOTTES

PLAY TIME

MACHT
AUCH
TIERE
FROH ...

DAS DEUTSCH-DRAMA

Ich weiß nicht mehr ganz genau, wann es war. Wahrscheinlich in der 10. Klasse, als ich noch die Realschule besuchte. Es waren eher seltene Besuche, das hätten meine Lehrer wahrscheinlich auch in Bezug auf meine geistige Anwesenheit gesagt.

Aus heutiger Sicht habe ich mich schulisch nicht mit Ruhm bekleckert. Gerade das Fach Deutsch war nicht mein Lieblingsfach, Bücher definitiv nicht mein Ding. Irgendwann bekamen wir die Aufgabe, „Die Physiker" von Friedrich Dürrenmatt zu lesen. Ich dachte nur: oh je, Physik – das zweitblödeste Fach. Also schob ich das Buch beiseite.

Der Tag rückte näher, an dem das Drama im Unterricht besprochen werden sollte. Zufällig stolperte ich beim Chillen und YouTube-Schauen auf einen Film, in dem „Die Physiker" mit PLAYMOBIL Figuren nachgespielt wurden. In kürzester Zeit hatte ich eine unterhaltsame Zusammenfassung und konnte – sehr zur Verwunderung meines Deutschlehrers – im Unterricht glänzen. Zugegeben, diese Anerkennung machte mich ein bisschen stolz.

Ich verriet niemandem, dass PLAYMOBIL zumindest indirekt für meinen Erfolg verantwortlich war. Jetzt kann ich es ja sagen – und noch etwas: Dieses Erlebnis brachte mich dazu, den YouTube-Kanal „Sommers Weltliteratur to go" zu abonnieren. Hier findet man zahlreiche mit PLAYMOBIL inszenierte Werke. Ich bin dadurch sicherlich nicht zum Literatur-Spezialisten geworden, aber ich habe dadurch tatsächlich schon hin und wieder zu einem Buch gegriffen.

Jan, 24 Jahre

ROBIN WAS HERE

WOK UND ICH

Während meiner Kindheit in den frühen 90er-Jahren kam PLAYMOBIL nach Oaxaca, eine kleine Stadt im Süden Mexikos. Das ist sehr weit weg von Deutschland, also kann man fast an Schicksal glauben. Zu meinen schönsten Erinnerungen gehören Regentage und meine Lieblings-PLAYMOBIL-Figur: ein kleiner chinesischer Piratenkoch namens Wok.

Mit ihren unverwechselbaren Details – besonderen Augen, einem freundlichen Lächeln, einem langen Pferdeschwanz, rot-lila-farbenem Matrosen-Outfit und winzigem Grill-Zubehör – hat diese Figur immer noch einen besonderen Platz in meinem Herzen. Zu Woks treuer Crew gehörte ein Kapitän und „Hook". Diese kleinen Abenteurer waren für mich die perfekte Flucht vor dem trüben Wetter.

Immer, wenn ich in meine Welt eintauchte, wurde das Klopfen von Regentropfen an den Fensterscheiben zum perfekten Soundtrack für die Schlacht, zum Donnergrollen und Tosen der wilden See. Draußen schaffte der graue Himmel die perfekte Atmosphäre für meine Abenteuer, drinnen war der Wohnzimmer-Fußboden neben dem Fenster der Mittelpunkt meiner Welt. Aus Kissen bastelte ich majestätische Schatzhöhlen und der riesige Holzboden wurde zu einem tückischen Meer, das es zu befahren galt. Meine lebhafte Fantasie verwandelte die alltägliche Umgebung in ein Reich voller Schatzsuchen, waghalsiger Rettungsaktionen und epischer Reisen.

Auf einer abgelegenen, unerforschten Insel machten sich plötzlich drei verwegene Piraten auf die Suche nach verborgenen Schätzen. Die neugierige Mannschaft bestand aus Kapitän Blackmoustache, dem gerissenen Navigator Hook und dem Held der Truppe, dem chinesischen Piratenkoch Wok. Tagelang kämpften sie sich durch den dichten Dschungel und überquerten gefährliche Flüsse, um kryptische Hinweise zu entschlüsseln, die sie ihrer Beute näher brachten. Am Ende eines jeden Abenteuers füllten Kapitän Blackmoustache, Hook und Wok ihre Truhen mit Gold. Zur Feier ihres Sieges veranstaltete Wok ein Grillfest, indem er ein Lagerfeuer entfachte und saftiges Fleisch grillte.

Wenn der Regen schließlich nachließ und die Sonne wieder zum Vorschein kam, war der Raum meist ein einziges Chaos, voll mit den Überresten der großartigen Geschichten, die ich ersonnen hatte. Aber die Erinnerungen an diese Regentage mit meiner Lieblings-PLAYMOBIL-Figur und ihrer Crew wärmen mein Herz noch immer und sind eine stete Quelle von Nostalgie. Das ist bestimmt auch der Grund, warum bedeckte Tage für mich bis heute eine Quelle von Inspiration und Zufriedenheit sind. Damals waren es Tage der Unschuld, der Kreativität und der einfachen Freude am Geschichtenerzählen – ein Schatz, den ich noch immer als Erinnerung an die Magie meiner Kindheit bewahre.

Adrián Limón Rivera, 33 Jahre

www.instagram.com/adrianlimonphoto

STILL

WAITING

MA LICORNE ! MON AMI !

LIBERTÉ
ÉGALITÉ
SUNGLASÉ

DIE Z
89

IN

ÖFFNE

AUS DER VERGANGENHEIT

FT.

MONTAGS BIS SAMSTAGS NUR BEIM SKATEN

SR., JR. & i.R.

ARME RITTER

FREIHEIT

WAHRE FREIHEIT

ÜBER CHRISTIAN BLANCK

Für seinen ersten Sohn Niklas, damals zwei Jahre alt, holte Christian Blanck seine alte Kamera wieder aus der Schublade. Sein Faible für Fotografie und alte Autos hatte er schon früh in der Schulzeit entdeckt. Mit den „Kinderzimmerhelden" entstand 2014 eine erste eigene Fotokollektion des Autodidakten.

Diesen mobilen Spielzeughelden unserer Kindheit fehlt eine Tür, die Farbe blättert ab, sie haben Beulen, sind verkratzt und überhaupt kaputt – egal. Held bleibt Held und diese Makel liebt Christian Blanck, sucht sie in seinen Bildern. Bald zehn Jahre später gibt es mittlerweile verschiedene Bücher, u. a. für Porsche, VW oder Siku, Kalender, Bilder und Produkte sowie Ausstellungen. „Verrückt!", sagt der Norddeutsche, der heute mit seiner Familie in Stuttgart lebt.

„Bücher sind natürlich immer das Highlight, man arbeitet ein gutes Jahr, um sie anschließend in seinen Händen halten zu dürfen. Klingt romantisch, aber genau für diesen Moment lohnt es sich", betont Blanck. Stolz macht es ihn, nun endlich auch für PLAYMOBIL ein Buch machen zu dürfen. „Ich bin nur ein Jahr jünger als PLAYMOBIL, ich bin mit dem Piratenschiff, den Tatütata Serien oder auch dem Bauernhof aufgewachsen und habe es geliebt, alle verschiedenen PLAYMOBIL-Welten an einen Platz zu holen und einfach damit zu spielen.

Begonnen hatte alles mit den ersten Feuerwehrautos und dem Baustellengespann. Später gesellten sich weitere diverse Fahrzeuge dazu, die Zirkus- und Safariwelt als auch der Bauernhof ergänzten seine ganz persönliche PLAYMOBIL-Welt. Blanck hat gespielt, Löwen besuchten die Baustellen, der Piratenkapitän kooperierte mit der Polizei und übernahm die eine oder andere Nachtschicht. Highlight auch bei Blanck: Das Piratenschiff. Blanck drückte sich am Schaufenster zig mal die Nase platt, bis das Schiff auch in seinen Hafen KINDERZIMMER einlaufen durfte.

Auch Blancks Kinder spielten mit PLAYMOBIL, das Schiff durfte da natürlich nicht fehlen. Es war ein großer Spaß, das Schiff ein zweites Mal aufbauen zu dürfen. Einen Wunsch konnte sich Blanck als Kind nicht erfüllen. Er musste immer Freunde besuchen, um mit der PLAYMOBIL Ritterburg spielen zu dürfen. Dem lautstarken Wunsch seiner beider Söhne, die Ritterburg zu bekommen, konnte der heutige Fotograf, Art Director und Marketing Manager dann gute 40 Jahre später nicht widerstehen. Dann wurde gespielt. Play!

www.kinderzimmerhelden.net

www.instagram.com/kinderzimmerhelden

TIME TO SAY GOOD BYE

PARTY IS OVER

Impressum

Bibliografische Information der Deutschen Nationalbibliothek
Die Deutsche Nationalbibliothek verzeichnet diese Publikation in der Deutschen Nationalbibliografie; detaillierte bibliografische Daten sind im Internet über http://dnb.dnb.de abrufbar.

1. Auflage
ISBN 978-3-667-12844-7

Idee und Konzept: Christian Blanck / Die Blancke Liebe
Fotos: Christian Blanck
Autorenfoto S. 221: Florian W. Mueller
Texte: Christian Blanck, Thomas Pakull, Michael Sommer, Berti Kropac, Adrián Limón Rivera, Gregor Renn
Lektorat: Hanno Vienken
Einbandgestaltung und Layout: Woran Wir Glauben GmbH, München
Lithografie: scanlitho.teams, Bielefeld
Druck: Print Consult, München
Printed in Slovakia 2024

Delius Klasing Verlag GmbH, Siekerwall 21, D - 33602 Bielefeld
Tel.: 0521/559-0, Fax: 0521/559-115
E-Mail: info@delius-klasing.de
www.delius-klasing.de

DANKE SAGEN

Auch für dieses Buch gibt es viele Helfer, Wegbereiter und kreative Menschen, die mir geholfen haben, in die Welt der PLAYMOBIL-Helden einzutauchen. Allen voran sind das Sybille, Thomas, Gregor und Hanno.

Ladies first. Liebe Sybille, ohne dich hätten wir diese vielen Helden aus eurem weit verteilten Archiv nie ans Tageslicht bekommen. Du hast mir tolle Tage bei euch in Zirndorf bereitet, ich durfte ein erstes Mal in den Funpark und selbst euren Foto-Keller hast du mir perfekt eingerichtet und mich den ganzen Tag großartig versorgt.

Thomas, das ist Thomas Pakull von der Münchner Agentur „Woran Wir Glauben", der mir zusammen mit Gregor Renn in vielen kreativen Diskussionen um Motive und Looks neue Perspektiven ermöglicht hat! Danke an Hanno von Delius Klasing für deinen ständigen Support und Plan, damit wir dieses Buch hier genauso machen dürfen. Es ist toll zu wissen, ein perfekt funktionierendes Uhrwerk im Hintergrund zu haben, auch wenn deine Uhr plötzlich schneller geschlagen hat als meine ...

Ebenfalls großer Dank auch an Iris und Markus von PLAYMOBIL. Ihr habt ganz zu Beginn meine Buchidee unterstützt und es ist toll zu sehen, dass aus unseren ersten Gesprächen und Gedanken dieses Werk entstanden ist!

Riesig gefreut habe ich mich auch, dass wir einige Helden-Geschichten toller Menschen ausgraben durften. Vielen Dank vor allem an Michael Sommer für dein tolles Vorwort, aber auch an Berti Kropac und Adrian Limon Rivera für eure tollen PLAYMOBIL Erinnerungen, die ihr hier mit uns teilt!

Danke auch an meine Familie. Meine bessere Hälfte Nele sowie meine beiden Rabauken Niklas (13) und Henri (11), die gar nicht mehr so kleine Rabauken sind. Ohne euch hätte es „Kinderzimmerhelden" nicht gegeben, zumindest nicht von mir vermutlich. Ich verspreche jetzt auch, die Garage und mein Büro aufzuräumen. Danke an unsere kleine Rubi, sie hat im zarten Alter von 4 Monaten perfekt die Rolle von Fuchur, dem Glücksdrachen, eingenommen. Sie und Kirk sind jetzt beste Freunde!

Bei diesem Buch kann man es in Teilen erahnen, aber die Motive sind an vielen schönen Orten in Frankreich, Italien, Österreich und zuletzt auch in Dubai entstanden. Sowie in der Kinderzimmerhelden-Werkstatt in Stuttgart. Orte, die inspirierend und erholsam zugleich waren.

Zum Schluss ein großes Danke an PLAYMOBIL und an meinen Verlag Delius Klasing. Stellvertretend für PLAYMOBIL vor allem an Sybille Rabe, Iris Herold und Markus Pfitzner, mit dem Wissen, dass es viele Helfer im Hintergrund gab, denen ich ebenfalls ganz herzlich danken möchte. Und für Delius Klasing stellvertretend Edwin Baaske. Ihr macht solche Projekte erst möglich, die unsere aktuelle, komische Welt beim Durchblättern für einen kurzen Moment zufriedener erscheinen lässt. Ein großes MERCI an alle dafür!

Euer Christian